La santé en harmonie

Détente musicale pour l'âme, le corps et l'esprit

Don Campbell

Traduit de l'anglais par
Patrice Nadeau

L'auteur de ce livre ne dispense aucun avis médical ni ne prescrit l'usage d'aucune technique en guise de traitement
médical. Le seul but de l'auteur est d'offrir une information générale afin de vous guider dans votre quête de bien-être
émotionnel et spirituel. L'auteur et l'éditeur ne doivent être tenus responsables d'aucune manière que ce soit de tout
usage personnel des informations contenues dans ce livre.

Éditeur : François Doucet
Traduction : Patrice Nadeau
Révision linguistique : L. Lespinay
Révision : Nancy Coulombe, Isabelle Veillette
Typographie et mise en page : Sébastien Michaud
Montage de la page couverture : Matthieu Fortin
Design de la couverture : Charles McStravick
ISBN 978-2-89565-592-3
Première impression : 2007
Dépôt légal : 2007
Bibliothèque et Archives nationales du Québec
Bibliothèque Nationale du Canada

Éditions AdA Inc.
1385, boul. Lionel-Boulet
Varennes, Québec, Canada, J3X 1P7
Téléphone : 450-929-0296
Télécopieur : 450-929-0220
www.ada-inc.com
info@ada-inc.com

Diffusion
Canada :   Éditions AdA Inc.
France :   D.G. Diffusion
                ZI des Bogues
                31750 Escalquens – France
                Téléphone : 05-61-00-09-99
Suisse :   Transat - 23.42.77.40
Belgique :   D.G. Diffusion - 05-61-00-09-99

Imprimé au Canada

Participation de la SODEC.
Nous reconnaissons l'aide financière du gouvernement du Canada par l'entremise du Programme d'aide au développe-
ment de l'industrie de l'édition (PADIÉ) pour nos activités d'édition.
Gouvernement du Québec - Programme de crédit d'impôt pour l'édition de livres - Gestion SODEC.

**Catalogage avant publication de Bibliothèque et Archives nationales du Québec et Bibliothèque et Archives
Canada**

Campbell, Don G., 1946-
   La santé en harmonie
   Traduction de: The harmony of health.
   Doit être acc. d'un disque son.
   ISBN 978-2-89565-592-3

   1. Musicothérapie - Ouvrages de vulgarisation. 2. Musique - Effets physiologiques - Ouvrages de vulgarisation. 3.
Musique - Influence - Ouvrages de vulgarisation. I. Titre.
ML3920.C3514 2007   615.8'5154   C2007-941721-3

Des éloges pour Don Campbell et ses livres précédents

« Don Campbell est l'un des grands génies de notre temps et ses conférences sont du grand art. Elles font appel à tous les sens et conduisent ceux qui y assistent à des niveaux inédits de compréhension, de plaisir, de créativité et de joie. »

— Joan Z. Borysenko, Ph.D.
Auteure de *Penser le corps, panser l'esprit*

« Le travail de Don Campbell est la force motrice dans un champ en émergence. Ses exercices guident l'auditeur vers les régions riches et profondes de la conscience et de l'expression créatrice. »

— Jeanne Achterberg
Auteure de *Imagery of Healing* et *Woman as Healer*

Je dédie ce livre à la lignée musicale des Campbell
dont je suis issu :
à mon père, Forest, qui jouait du piano, de l'harmonica
et de la guitare pour son plaisir ;
à mes tantes Henrietta, Marguerite, Christine et Ruby,
pianistes à l'église Méthodiste,
à Eastern Star et dans les maisons de retraite ;
à mon oncle Cleo qui pianotait à ses heures et adorait chanter
avec nous.

Avec amour, ils ont empreint mon imagination
de la puissance de la musique.

Table des matières

Avant-propos

Ayant été directeur de la clinique des troubles reliés au stress à l'École de médecine de Harvard pendant près de dix ans, j'ai appris qu'il n'y avait pas que les patients qui devaient se garder du surmenage. Avec mon équipe, j'ai vécu la pression du temps, le bombardement d'informations et le défi de réaliser un équilibre entre notre vie professionnelle, familiale et intérieure. Pour bien faire notre travail et donner le meilleur de nous-mêmes, il fallait apprendre, comme tout le monde, à gérer notre stress et à conserver notre sérénité en toute circonstance. La musique est l'un des moyens les plus faciles d'accéder à un havre de calme et de sérénité intérieur lorsque nous nous sentons anxieux ou harassés. Conscients de cela, nous étions plusieurs à diffuser de la musique classique dans notre bureau, afin de créer un fond sonore calme et reposant. Celui-ci se transformait en cocon de paix, d'inspiration et de guérison, tant pour nous-mêmes que pour nos patients.

Un récent sondage réalisé à l'échelle planétaire a révélé que la musique est la méthode de gestion de stress la plus répandue au monde. Les adolescents du New Jersey, les mères tanzaniennes et les gens d'affaires de l'Inde sont tous semblables sous ce rapport. La musique les ramène dans le moment présent et procure une pause à l'esprit et au corps. La plupart des patients de notre clinique affirmaient que la musique les aidait, non seulement à se détendre, mais aussi à se recueillir plus facilement lorsqu'ils médi-taient. Plusieurs nous ont aussi affirmé que l'audition de musique classique ou spirituelle à l'aide d'écouteur pen-dant une chirurgie ou une chimiothérapie les détendait profondément, les réconfortait et favorisait leur guérison — témoignages que la recherche a ensuite corroborés.

Don Campbell est, selon moi, l'autorité mondiale en ce qui a trait aux effets de la musique sur le cerveau. Ses livres, incluant *l'Effet Mozart* et *l'Effet Mozart pour les enfants*, ana-lysent en détail l'influence de la musique sur les fonctions cérébrales, la créativité, l'humeur et la santé. Ses nombreux programmes audio d'œuvres classiques soi-gneusement choisies stabilisent l'humeur, améliorent les performances et accélèrent la guérison, tout en atténuant le stress et l'anxiété. Lorsque j'ai écrit mon livre *Inner Peace for Busy People : 52 Simple Strategies for Transforming Your Life*, l'écoute musicale était l'une de ces stratégies. Don et moi avons décidé de créer ensemble un CD spécial de musique classique portant le même titre. À ce jour, il demeure l'un de mes albums préférés pour me détendre, m'inspirer et stimuler ma créativité.

Suite à la multiplication des recherches sur l'efficacité thérapeutique de la musique, plusieurs hôpitaux ont décidé d'offrir une programmation musicale par le truchement de leurs réseaux de télévision en circuit fermé, ainsi que dans les espaces publics. Cette initiative a pour but de créer un milieu intégralement propice au rétablissement. Tous en bénéficient, incluant les patients, les visiteurs et le personnel hospitalier. Il n'est pas surprenant de constater que Don Campbell est un pionnier dans ce domaine. Un tout nouvel hôpital du Colorado a récemment eu recours à ses services afin d'élaborer un répertoire musical varié, comportant des œuvres soigneusement sélectionnées, diffusées selon des séquences adaptées au moment de la journée, au lieu et à la nature des soins.

La musique est une vibration. Elle arrive à modifier votre énergie intérieure, tout comme les vibrations d'un diapason se propagent à d'autres diapasons situés à proximité. Concrètement, cela signifie qu'elle possède la faculté de modifier votre cerveau. Et ce phénomène, à son tour, entraîne des effets sur tous les aspects de votre vie. Dans ce livre, Don Campbell vous montre comment utiliser ce médium puissant, merveilleux et ravissant pour améliorer la qualité de votre vie. Détendez-vous et appréciez la musique !

— Joan Z. Borysenko, Ph.D.
Auteure de *Inner Peace for Busy People*
et *Inner Peace for Busy Women*

« La musique n'est pas seulement un art
et une forme raffinée d'expression de la beauté ;
c'est aussi une force subtile et dynamique qui unifie
la respiration, le rythme et la tonicité du corps humain.
Toute pensée, émotion et mouvement possède
ses propres qualités musicales. »

*** DON CAMPBELL ***
Extrait de *Music: Physician for Times to Come*

Ouverture

Dès l'aube de l'histoire de l'humanité, la musique a servi d'instrument pour exprimer nos espoirs, nos désirs et nos douleurs, pour célébrer nos triomphes et pleurer nos pertes. Instinctivement, nous avons compris depuis long-temps que la musique peut aussi altérer nos émotions, nous aider à chasser nos humeurs plus sombres et ouvrir la porte à la paix.

Au cours des 25 dernières années, la recherche a confirmé ce que nous savions intuitivement : la musique peut nous aider à nous libérer de la peur, de la colère et de la confu-sion. Elle rétablit l'équilibre entre le corps et l'esprit. Lorsque nous nous sentons régénérés et revivifiés, la force et l'éclat de la santé irradient de notre corps vers le monde qui nous entoure. Cette lumière intérieure émane de chacune de nos cellules. L'énergie du son qui se propage dans l'air affecte notre corps et notre esprit, même si nous le remarquons à peine ou même pas du tout. La musique, un langage universel aussi ancien que le temps lui-même, possède des usages plus variés et plus pratiques que nous ne le croyons généralement.

La musique, tout comme la nourriture, possède une valeur nutritionnelle pour le corps et l'esprit. Il arrive qu'elle soit trop forte ou trop lourde pour favoriser une écoute saine. En d'autres circonstances, pourtant, ces mêmes sons peuvent stimuler d'une manière très salutaire.

Au cours de mes neuf années à titre de directeur de l'Institut de la musique, de la santé et de l'éducation de Boulder, au Colorado, j'ai participé à de nombreuses études démontrant les pouvoirs de guérison de la musique. Dans le monde trépident d'aujourd'hui, c'est souvent le stress que l'on cite comme le facteur le plus nocif pour la santé. Il est donc essentiel d'apprendre à se détendre et à chasser ce stress, afin de préserver notre bien-être à long terme.

Ce livre vous permettra de faire l'expérience de quelques outils parmi les plus innovateurs et les plus complets d'autorelaxation. C'est un livre pratique conçu pour vous aider à développer vos propres techniques de détente en musique, assistées de formes visuelles et d'affirmations. Mon rôle est d'activer chez vous la faculté — que vous avez toujours possédée à un niveau intuitif — de combiner ces outils pour alléger votre tension.

Le pouvoir de la musique

Il est étonnant de constater qu'en seulement quelques minutes, la musique puisse déclencher des modifications notables du rythme cardiaque, des émotions et de la qualité de notre concentration. Presque instantanément, nous nous sentons stimulés, alertes ou saisis d'une irrésistible envie de danser.

Plus qu'un divertissement ou simplement un grand art, la musique est une source d'énergie physique affectant chaque cellule du corps. Elle déclenche des réactions chimiques à l'intérieur du cerveau qui influent sur la manière dont nous nous sentons. Les bruits chroniques et les sons dissonants créent des schémas de tension qui se renforcent avec les années. De plus en plus, toutefois, la thérapie musicale, la psychologie musicale et la psycho-acoustique sont mises à profit pour agrémenter l'environnement quotidien de sons qui ont des effets bénéfiques sur la santé. En voici quelques exemples :

- Le Dr Raymond Bahr, directeur d'une unité de soins coronariens à Baltimore, au Maryland, dit avoir constaté qu'une demi-heure de musique produit le même effet chez un patient que dix milligrammes de Valium ;

- Des chercheurs en Russie et en Inde ont confirmé que les plantes exposées à la musique sont plus productives ;

- Des scientifiques canadiens affirment que les semis de blé croissent trois fois plus lorsque exposés à certaines harmonies ;

- Dans les monastères du nord-ouest de la France, les moines ont réalisé diverses expériences en faisant de la musique et en psalmodiant en présence de leurs animaux. Il s'est révélé que les vaches exposées à la musique de Mozart produisaient plus de lait ;

- Les fonctionnaires du département de l'immigration à Seattle ont entrepris de diffuser de la musique classique et baroque pendant les cours d'anglais destinés aux immigrants asiatiques. Selon les responsables, cette immersion sonore produit sur eux un effet calmant et accélère leur apprentissage linguistique.

Plusieurs études cliniques de longue haleine suggèrent qu'une musique claire, bien structurée et modérément stimulante contribue dynamiquement à la santé et au bien-être. Vous entreprendrez votre propre exploration de ce monde de beauté et de paix par l'audition du CD musical d'accompagnement. Tout en écoutant la musique, laissez-vous guider par les suggestions et les éléments artistiques présentés dans ce livre. De cette manière, vous mobiliserez aussi vos autres sens et votre expérience sera plus profonde. Lorsque vous serez un auditeur expérimenté et aguerri, vous prendrez plaisir à créer votre propre programme musical — accompagné de vos visualisations personnelles de relaxation, de bien-être et d'inspiration.

Utiliser la musique comme instrument pour raviver l'esprit et le corps

La musique transforme notre notion du temps et notre façon de faire l'expérience du monde extérieur. Elle élargit le champ de nos perceptions et clarifie nos pensées. Les structures auditives des harmonies, des rythmes et des mélodies ont un effet sur les cycles naturels du corps. De plus, le langage non-verbal de la musique peut susciter toute une gamme d'émotions reliées à nos expériences passées. Une mélodie peut évoquer instantanément des événements lointains de notre vie. Elle peut même nous faire franchir les siècles, en nous aidant à imaginer ce que devait être la vie et la société à une autre époque. La musique nous met aussi en contact avec les rythmes de notre temps. Chaque mouvement physique recèle des qualités musicales, et les attributs rythmiques du corps enveloppent toute action kinesthésique. La respiration et le rythme cardiaque plus lents pendant le sommeil modifient les ondes cérébrales de même que de nombreux cycles organiques.

Lorsque vous combinez l'écoute consciente de la musique avec votre séance quotidienne de recueillement, de méditation et de relaxation, celle-ci devient une forme d'art personnelle. En vous inspirant des exercices simples qui vous seront proposés au cours des cinq prochains jours, vous apprendrez à créer votre propre répertoire visuel et sonore de ressourcement quotidien. Vous découvrirez que la musique possède la faculté de prolonger en vous un état de repos et de bien-être ; elle est capable de vous guider vers un lieu spirituel de prières et de recueillement.

Il est possible de nous éveiller au son de notre « caféine sonore » et, le soir venu, de nous endormir grâce à notre « berceuse » favorite. Entre ces deux moments, nous pouvons en tout temps faire une pause musicale pour nous détacher momentanément du reste du monde, afin de reconstituer notre énergie et notre puissance créatrice — remarquez toutes ces personnes qui portent des écouteurs quand elles marchent dans la rue, sont assises dans l'autobus ou se rendent à l'école ou au travail.

Dans notre culture moderne, le monde des sons nous influence d'une manière dont nous n'avons pas conscience. La télévision et la radio, la signalisation sonore à bord des trains et des autobus, la tonalité des téléphones cellulaires et la kyrielle d'avertisseurs équipant nos appareils domestiques affectent nos humeurs, que nous leur prêtions attention ou non.

Lorsque nous gagnons en maturité, les réactions de notre cerveau à la musique et aux sons — ainsi que nos besoins en termes d'environnement sonore — évoluent. Nous apprenons à apprécier une musique paisible et ordonnée. Nous désirons un environnement plus sain et plus confortable. Dans ces moments de tranquillité, toutefois, il arrive que nos pensées intérieures, celles qui sont négatives en particulier, deviennent si « bruyantes » qu'elles dominent les sons extérieurs. La musique, correctement utilisée, contribue à faire taire ces voix dommageables et à mettre de l'ordre dans nos idées.

Toutes les musiques n'ont pas la même efficacité. Plusieurs genres musicaux — incluant l'opéra, la musique populaire et les rythmes de danse — nous divertissent et nous inspirent. Pourtant, il y a des moments où ces rythmes véhiculent trop d'émotions ou sont trop stimulants pour nous permettre d'accéder à un lieu de contentement et de paix.

Une musique douce au tempo lent n'est pas forcément favorable à la guérison. Beaucoup de pièces musicales de tendance Nouvel Âge ne présentent que peu ou pas de structure. Par conséquent, l'utilité de ce genre de musique d'ambiance est limitée. Le cerveau et le corps affectionnent l'ordre, en particulier lorsqu'il n'est pas contraignant. En d'autres mots, la structure rassurante d'une mélodie est parfois plus saine qu'un fond sonore informe.

Peu importe votre formation, les œuvres de Mozart, Bach ou de certains compositeurs contemporains vous aideront à retrouver votre équilibre et à clarifier vos idées. La magie de ces œuvres lumineuses nous entraîne dans un espace de détente *active*, idéale pour l'esprit et le corps. Savoir écouter la musique, et nous rappeler de le faire lorsque nous sommes tendus, préoccupés ou fatigués, est un don inestimable.

Comment « orchestrer » la lecture de ce livre

Notre monde intérieur met à notre disposition des outils remarquables pour recouvrer la santé, stimuler notre créativité et concentrer notre esprit. Grâce à la puissance combinée de la musique, des images et des affirmations, vous serez en mesure de créer un univers personnel d'harmonie, votre propre havre de paix.

En l'espace de cinq jours, ce livre vous guidera à travers cinq sélections musicales et visuelles inspirantes. Chacune est destinée à ouvrir votre esprit, votre corps et votre cœur à un état de conscience réceptif et inspiré. Chaque jour vous apportera un nouveau langage intérieur de sons, de couleurs et de formes, favorisant l'auto-exploration du corps et de l'esprit, vous procurant un sentiment de bien-être et de paix.

Je vous suggère de consacrer cinq jours consécutifs à votre premier voyage de détente en compagnie de ce livre. Familiarisez-vous avec les affirmations et la musique. Apprendre à fixer le regard sur le motif visuel pendant cinq minutes sera peut-être une expérience inédite pour vous, mais vous vous y ferez aussi rapidement.

Il y a trois courtes séries d'instructions à la fin de chaque chapitre. Au terme de votre première initiation d'une durée 5 jours, envisagez de consacrer les 5 semaines suivantes à une exploration plus approfondie et à la création de votre propre programme de relaxation. Combinez librement ces images et ces sons, à la fois simples et puissants, votre technique de méditation préférée et votre style personnel d'écoute. Votre vie ne tardera pas à évoluer vers une plus grande harmonie.

♪

L'harmonie est un état de continuel alignement du monde intérieur vers le monde extérieur, de la conscience vers le corps, de l'esprit vers les émotions. Considérez ce livre comme un guide visionnaire sur le chemin de l'intégration de votre vie. Au cours des prochains chapitres, qui se veulent à la fois simples et inspirants, nous explorerons les sentiers quotidiens d'une meilleure santé et de l'équilibre, et ce, en moins d'une semaine.

Dans le cadre de mon travail avec l'Institut de la musique, de la santé et de l'éducation, j'ai remarqué de quelle manière les éléments musicaux produisaient sur le corps une variété d'effets bienfaisants. Ainsi, le timbre très personnel de la voix, par une technique connue sous le nom de « toning », peut être employé pour réduire la tension. La voix possède en effet la propriété de clarifier l'esprit et d'apporter au corps un surcroît d'énergie. En moins de trois minutes, l'émission sans effort d'une voyelle, comme « Ah », modifie les ondes cérébrales et restaure leur équilibre.

La relaxation n'est pas nécessairement un état passif de repos ; elle peut aussi être énergique, concentrée et joyeuse. Des mouvements expressifs au son d'une musique entraînante libèrent l'énergie et relâchent la tension, que vous soyez danseur ou chef d'orchestre en herbe. En combinant le mouvement, l'imagerie et la visualisation, vous augmenterez votre habileté à bien gérer le stress.

Plusieurs livres vous proposent de la musique, des rêveries dirigées et des visualisations. Toutefois, aucun autre ne vous offre l'occasion de réaliser un tel voyage d'auto-exploration et une expérience unifiée de guérison en moins d'une semaine. Chacun des cinq chapitres de *La santé en harmonie* est conçu pour susciter chez vous l'éveil d'un sentiment conscient de paix intérieur. Après vos cinq premières journées d'écoute, de visualisation et d'affirmation, à raison de cinq à vingt minutes par jour seulement, vous aurez tracé le sentier de votre mise en forme « harmonique » quotidienne.

Votre corps est votre instrument et, à ce titre, il doit être accordé chaque jour. Lorsqu'un violoniste ou un guitariste se prépare à se produire sur scène ou à répéter, il doit se plier à ce rituel. Les chanteurs savent que les vocalises

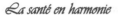

préparent leur voix à une performance optimale. Un pianiste répète ses gammes pour se délier les doigts et se concentrer. Dans le même ordre d'idées, la guérison n'est pas réservée aux seuls moments de maladie et de grande tension ; il s'agit d'une forme d'hygiène quotidienne. L'exercice, une bonne diète et du repos à tous les jours — ou une carence de l'un de ces éléments — se combinent à vos multiples responsabilités pour créer votre état de santé actuel. La musique, la méditation et l'écoute en profondeur peuvent faire de votre corps un instrument merveilleusement accordé. Ces exercices allègeront votre stress et changeront pour toujours votre façon de vous sentir.

« Mon cœur, gonflé au
point d'en déborder,
fut souvent guéri et ravivé
par la musique
lorsque malade
et épuisé. »

*** MARTIN LUTHER ***

Chapitre 1

Le coeur
de la musique

Au cœur de la relaxation se trouve à la fois l'énergie et le repos. C'est un état paisible et éveillé ; un courant qui reçoit et donne simultanément. Le plus grand don de la musique est une détente profonde. Elle possède le pouvoir de motiver et d'ouvrir le cœur à l'inspiration qui renouvelle la foi. C'est la voix de l'esprit.

Dans son sens le plus évident, la relaxation peut être considérée comme un état d'où le stress est absent. La tension, le déséquilibre, la colère, la peur et la douleur taxent le corps et l'esprit à divers degrés. Le stress perturbe le jugement et diffuse des messages de détresse dans tout le corps. Parfois, même l'expérience la plus excitante apparaît comme une pente à escalader. Vous souvenez-vous de ces journées de préparation fébrile précédant un mariage ou un voyage si longtemps attendu ?

Le stress peut aussi être causé par des réactions à l'environnement, des conflits émotifs, la mort d'un être cher ou des difficultés financières. Il est déclenché par des causes physiques, nutritionnelles, psychologiques, sociales et spirituelles. De nos jours, nous acceptons cette tension comme un fait de la vie moderne. Depuis les embouteillages sur les routes jusqu'à la pression afin de conserver notre ligne, la société place sur nos épaules un fardeau écrasant. La publicité nous rappelle constamment que nous ne sommes pas parfaits et nous encourage à consommer le bonheur à coups de pilules, de cours de croissance personnelle, de nouvelles méthodes d'entraînement et de diètes.

Nous portons souvent un diagnostic erroné sur nous-mêmes. Nous pensons que nous sommes surmenés par notre travail ou les pressions de notre milieu, alors qu'il est fort possible que nous nous sentions épuisés simplement « parce que le cœur n'y est plus ». Nous éprouvons un sentiment de vide sur le plan spirituel, et sentons que notre foi ne nourrit plus notre vie.

Lorsque nous sommes tendus pendant de longues périodes de temps, notre système immunitaire en souffre. Nous n'avons plus d'énergie pour faire toutes les choses que nous nous devons ou avons envie de faire. Bien qu'une sieste, une excursion, un concert ou une soirée devant le téléviseur puisse nous ressourcer momentanément, il existe des moyens d'organiser notre vie de manière à jouir quotidiennement des bienfaits de la relaxation.

Ouvrir son cœur grâce aux sons

J'ai une amie qui a récemment pris sa retraite à l'âge de 60 ans. Dana rêvait de ce moment depuis plus d'une décennie et elle s'était faite une longue liste de toutes les choses qu'elle projetait de faire. Au cours de sa dernière année de travail comme enseignante dans une école primaire, toutefois, elle se sentait de plus en plus tendue. Ses craintes de s'ennuyer et de voir ses ressources financières diminuer étaient si obsédantes qu'elle en perdait le sommeil. Elle devint irritable dans les derniers mois, se sentant toujours fatiguée et tendue. Lorsqu'elle était en classe, toutefois, elle redevenait sereine — elle était là où elle avait l'impression d'être utile, dans un cadre dont le rythme lui était familier. Ses pires moments survenaient lorsqu'elle était seule à la maison imaginant son avenir de retraitée.

Dana s'adapta assez bien à sa nouvelle situation au cours de l'été qui suivit le début de sa retraite. Après tout, cela faisait partie du cycle de vacances scolaires annuelles qu'elle connaissait depuis 35 ans. Mais lorsque les cours reprirent sans elle à l'automne, elle ne tint plus en place et ses appréhensions au sujet de son avenir et de sa santé la hantèrent plus que jamais. Elle était incapable de se détendre et d'accepter qu'elle entrait dans l'une des plus belles phases de sa vie.

Détachez-vous un moment de l'histoire de Dana. Fermez les yeux, expirez profondément, et laissez votre esprit flotter en vous posant les questions suivantes : *Où se trouve la tension de mon corps ? Quelle est la cause du stress que je ressens tous les jours ?* Laissez-vous le temps de mûrir ces pensées. Il n'est pas nécessaire de trouver des réponses immédiatement. Notez simplement ce qui vous vient à l'esprit. Prenez conscience de quelques-uns des facteurs de stress évidents dans votre vie, comparables à ceux qui affectaient la sérénité Dana.

Mon amie était devenue anxieuse parce qu'elle avait perdu contact avec le rythme de sa vie. Elle se sentait déconnectée de son propre cœur ; la peur s'était emparée de son esprit. Elle jongla avec l'idée de retourner à l'enseignement comme suppléante ou de trouver un emploi à temps partiel pour occuper ses loisirs. Toutes ses résolutions visaient à masquer le défi intérieur que représentait pour elle le fait de jouir de temps libres : du temps pour se reposer, pour choisir ses activités et pour s'adonner aux nouvelles qu'elle avait écrites sur sa liste.

Dana ne s'était jamais arrêtée afin d'écouter son cœur, son intuition ou son âme. Ses nombreuses années plongées dans la routine de l'enseignement avaient petit à petit rompu cette connexion profonde. Malgré ses convictions religieuses, elle n'avait jamais consacré de temps à la maison à sa vie spirituelle, se sentant toujours trop fatiguée ou occupée.

Un jour, Dana sortit une boîte en carton remplie de vieux microsillons qu'elle conservait depuis les années 50 et 60. Sur le dessus de la pile d'albums depuis longtemps oubliés, il y avait celui que sa mère lui avait donné à Noël plus de 40 ans auparavant. Ce n'était pas le favori de Dana, mais ses deux parents l'adoraient. Elle le plaça sur le platine dont sa chaîne stéréo était toujours pourvue, et les accords de la chorale *Sing Along* de Mitch Miller envahirent le salon :

« Cœur de mon cœur », j'adore cette mélodie.
« Cœur de mon cœur », me rappelle un souvenir.
Lorsque nous étions gamins, flânant dans les rues,
Nous étions fanfarons et n'avions pas froid aux yeux
Mais oh ! comme nous savions chanter…
« Cœur de mon cœur ».

En écoutant ce refrain, Dana fondit en larmes. Elle s'assit sur le plancher, laissant des décennies de souvenirs remonter soudainement à la surface de sa conscience. Non seulement s'agissait-il de l'un des airs favoris de ses parents, mais elle se rappelait l'avoir fredonné encore et encore pendant son enfance. Ses larmes étaient remplies de joie et de peine : ses parents lui manquaient ainsi que leur amour de la musique, mais elle se rappelait aussi son propre bonheur quand elle chantait ces paroles. Son cœur s'ouvrit et s'illumina. Elle sentit que la vie venait l'habiter à nouveau, avec son cortège de joie et de peine.

Mon amie réécouta ce même air une douzaine de fois ce soir-là, prêtant attention à chaque mot, donnant libre cours à ses émotions et aux pensées que lui inspirait la mélodie. Plus tard, Dana me confia que la musique — cette seule chanson — avait provoqué l'éveil de tout son être. Le poids de la retraite, les années de travail et sa peur de l'avenir s'envolèrent en quelques minutes, grâce au seul pouvoir d'évocation de quelques notes musicales.

Il est merveilleux de constater à quel point une simple chanson peut être magique. Sa seule énergie fut la source d'une transformation profonde chez Dana. En moins d'un mois, elle inaugura un nouveau régime de vie et s'engagea dans une foule de nouvelles activités. Elle se joignit au chapitre local des Sweet Adelines (un chœur international formé de coiffeuses passionnées par le chant) afin de donner libre cours à sa passion retrouvée pour la musique. Et, bien sûr, elle insista pour chanter « Cœur de mon cœur » en tout premier.

Évacuer le stress

Bien qu'il existe une multitude de façons de gérer le stress de nos vies, il arrive parfois que notre situation semble sans issue. Lorsqu'elle se poursuit pendant une période de temps prolongée, même les meilleures intentions sont impuissantes pour retrouver le chemin de l'équilibre. Afin de briser le cycle, il est parfois nécessaire de vivre une sorte de délivrance, un moment de total abandon. Dana m'a aidé à comprendre combien il était important de renoncer à nos anciens schémas d'activités avant de pouvoir inaugurer une nouvelle ère de liberté.

Lorsque mon amie a ouvert son cœur et donné libre cours à ses émotions, sa capacité de trouver le sommeil, de faire de l'exercice et de bâtir de nouvelles amitiés fut restaurée ; et ses craintes de solitude et d'abandon s'évanouirent. La transition ne fut pas immédiate, bien sûr, mais elle fit un véritable effort pour permettre à son cœur, secondé par la musique, d'apaiser son esprit. Ses émotions, ses pensées et son corps entrèrent dans une nouvelle relation et, en quelques mois à peine, elle avait mis sur pied une toute nouvelle existence. L'harmonie de la santé grandissait en elle à chaque jour.

Comment employer le CD musical et les visualisations

Le moment est venu de commencer à tracer le sentier de l'harmonie, qui débute avec les oreilles et les yeux pour se rendre jusqu'à l'esprit et au corps. À la toute fin de ce chapitre, vous trouverez l'image d'un cœur, la première des cinq illustrations qui vous guideront dans ce voyage intérieur. L'image est très simple — elle n'est pas tant une interprétation artistique qu'un point focal pour fixer vos pensées et vos émotions.

Le CD accompagnant ce livre comporte cinq morceaux musicaux. Chaque pièce accompagne un exercice de relaxation et de visualisation, qui comporte aussi une affirmation, simple à mémoriser et à prononcer.

Il aurait été bien plus facile pour moi de me contenter de décrire des chefs-d'œuvre, afin de vous en faire apprécier la beauté. Malheureusement, cela ne vous aurait pas donné l'occasion de vous ouvrir aux possibilités uniques de transformation offertes par le rythme et l'harmonie. Il arrive parfois que la musique soit insuffisante. En multipliant l'efficacité de l'écoute par l'utilisation d'outils visuels ou mentaux, elle acquiert alors une puissance additionnelle.

♪ ♪ ♪

Utilisez la musique, la visualisation et l'affirmation de ce chapitre

PREMIÈRE ÉTAPE

Affirmation :
La beauté et la sérénité comblent mon cœur pour toujours.

Voilà une idée fondée sur l'harmonie. Prenez quelques minutes pour répéter cette affirmation… fermez ensuite les yeux, et murmurez-la pour vous-même… répétez-la silencieusement.

DEUXIÈME ÉTAPE

Lorsque vous sentez que vous dites l'affirmation avec spontanéité et naturel, ouvrez les yeux et regardez l'image du cœur à la fin du chapitre.

- Asseyez-vous et tenez le livre directement face à vous, la tête levée dans sa direction (plutôt que de le poser sur vos genoux) ;

- Répétez l'affirmation à quelques reprises en regardant directement au milieu du cœur. Essayez de garder les yeux fixés sur son centre en inspirant ;

- Retenez votre souffle quelques secondes, puis « expirez » l'affirmation. Refaites-le à cinq ou six reprises, en dirigeant toujours votre regard vers le centre du cœur ;

- Fermez les yeux et laissez-vous pénétrer par la pensée du cœur et de son image. Pouvez-vous le voir grâce à votre vision intérieure ?

Troisième étape

Écoutez le morceau n° 1 du CD d'accompagnement. Il s'agit d'une pièce dont le thème est centré sur le cœur et qui s'intitule « Beloved », de Michael Hoppé (extrait de l'album *Solace* sous étiquette Spring Hill Music).

- Écoutez le morceau une première fois, les yeux fermés, avec l'intention d'ouvrir *votre* cœur. Réécoutez-le en regardant au centre du cœur ;

- Répétez l'affirmation : *La beauté et la sérénité comblent mon cœur pour toujours.* Laissez vos yeux, vos oreilles et votre esprit sentir l'harmonie suscitée par cet exercice ;
- Finalement, détendez-vous et soyez à l'écoute de votre corps… est-il calme maintenant ?

Il y a plusieurs manières d'aborder cet exercice. Vous désirerez peut-être procéder à votre rythme et consacrer la semaine entière au thème du cœur, laissant la mélodie colorer votre vie quotidienne. Vous souhaiterez peut-être conserver l'image du cœur dans votre esprit et l'évoquer dès que vous en ressentez le besoin, ou prononcer l'affirmation quand vous vous sentez tendu.

Laissez l'exercice « s'écouler » naturellement dans votre vie. Appréciez la musique et faites du cœur votre leitmotiv pendant cette période. Que vous lisiez un chapitre par jour, ou consacriez une semaine entière à chacun d'eux, rappelez-vous simplement d'être à l'écoute de vos émotions. Accordez-vous la permission d'emprunter le sentier le plus agréable dans l'exploration de votre potentiel naturel.

*La beauté et la sérénité comblent
mon cœur pour toujours.*

Musique : morceau n⁰ 1, « Beloved », tiré de l'album *Solace,*
de Michael Hoppé

40

« *La musique nettoie mon âme*
de la poussière
de la vie quotidienne. »

*** SIR THOMAS BEECHAM ***

Chapitre 2

La sphère de l'harmonie

Les anecdotes illustrant l'efficacité de la musique afin de réduire les tensions de la vie remontent à la nuit des temps. On connaît bien l'histoire de David, le tueur de géants, dont le jeu enchanteur à la harpe apaisait les angoisses du puissant roi Saül.

De la Grèce à la Chine, la musique fut perçue comme un pont magique vers la transformation spirituelle et physique. Grâce à son monocorde, Pythagore a établi les fondements de toutes les harmonies futures et des corrélations mathématiques entre les sons. Platon avait compris l'influence des intervalles musicaux sur les hommes, qui pouvaient les mener à la guerre, à la réconciliation ou à la guérison. En Chine, les intervalles et les tons servaient des fins identiques et on les produisait avec des cloches, des carillons et des gongs. Plus près de nous, Bach composa les « Variations Goldberg » à la demande d'un riche commanditaire qui avait du mal à trouver le sommeil.

Il y a quelques années, j'ai animé une série de conférences sur les aspects thérapeutiques de la musique pour les abonnés de l'Orchestre symphonique de Cincinnati. Au cours d'une séance de questions et réponses, une dame charmante me mentionna que son mari et elle assistaient aux concerts du vendredi soir depuis plus de 30 ans. Or, son mari s'endormait immanquablement au cours de la première demiheure. La dame trouvait la situation frustrante et aussi un peu embarrassante. Elle me demanda s'il ne lui était pas possible de faire quelque chose pour aider son mari à rester éveillé, afin de pouvoir profiter des bienfaits de la musique.

L'homme, qui se trouvait assis près d'elle, rougit légèrement. Il expliqua qu'il avait toujours hâte d'assister au concert à la fin de sa semaine de travail, parce que cela le détendait. La musique l'aidait à oublier ses préoccupations professionnelles et, en quittant la salle, il avait retrouvé sa sérénité. Le meilleur moment de la semaine, à son avis, était la deuxième partie du concert. Sa femme comprit que la musique avait une plus grande influence sur sa vie qu'elle ne le croyait.

Dès qu'il fut clair pour moi que la musique avait une réelle influence sur la santé, ma première réaction fut de composer des mélodies pour aider les gens à se détendre. En combinant des accords thématiques bas et prolongés, calqués sur la respiration, et des harmonies rythmiques superposées plus hautes, je me suis rendu compte que j'arrivais à écrire de la musique qui « parlait » tant au corps qu'à l'esprit. Les sons aigus facilitent la formation de merveilleuses images mentales, tandis que les notes graves, insérées dans un phrasé lent et posé, calment la respiration. Un changement dynamique dans la profondeur ou la superficialité de la respiration devient perceptible après trois à sept minutes d'écoute.

Le résultat de ces premiers essais fut *Crystal Meditations*, un album utilisé dans le cadre de nombreuses études sur la relaxation, réalisé au Centre Médical du sud-ouest de l'Université du Texas, à Dallas, sous la supervision du docteur Jeanne Achterberg. La plupart des patients choisis dans le cadre de ces études souffraient de stress, d'anxiété, de pression élevée ou de difficulté à se concentrer.

Les effets de cette musique à plusieurs harmonies superposées étaient aisément observables chez tous les sujets : modification des ondes cérébrales, de la pression sanguine, du rythme cardiaque et de la respiration. J'ai été moi-même étonné de constater qu'à peine sept minutes d'écoute suffisaient à produire des changements évidents.

Pour la première fois de ma carrière de compositeur, je commençai à considérer le corps comme une sorte d'instrument en soi — un instrument capable d'entrer en résonance avec les sons ambiants auxquels il était exposé. À cette époque, j'avais déjà écrit de nombreuses partitions d'accompagnement de chorégraphies pour des compagnies de ballets contemporains. J'avais donc pu observer comment la musique inspire les mouvements et l'expression artistique des danseurs. Je me suis alors mis à la recherche de nouvelles techniques d'écriture musicale visant cette fois-ci les non danseurs. Au même moment, j'ai commencé à faire des expériences combinant les images et la musique. En stimulant le potentiel de tous les sens, mon espoir était de susciter des réactions psychologiques radicales capables d'induire un état de bien-être durable.

J'ai offert à ma mère de 80 ans un enregistrement de la musique utilisée dans le cadre des études décrites ci-dessus. Sa réaction, bien qu'un peu étonnante, fut révélatrice : « Je n'arrive pas à croire que ton père et moi t'ayons envoyé étudier au Conservatoire de Fontainebleau et que c'est tout ce que tu arrives à créer maintenant. Cela me donne envie de dormir ! »

Cette musique produisait sur ma mère, une personne active et dynamique, un véritable effet physique. Elle n'en percevait pas la forme artistique ni l'aspect divertissant : elle n'en ressentait que l'effet sédatif, sans se douter que c'était précisément celui-là que je recherchais.

Les massages harmoniques

Les deux dernières décennies ont vu la musique faire son entrée dans les hôpitaux, les centres de réadaptation et d'aide aux personnes handicapées, les cliniques dentaires, les salons de massages, les spas et les classes de condition-nement physique. Des thérapeutes certifiés en musique traitent des patients souffrant de blessures à la tête, d'hémorragie cérébrale ou d'autisme. Des techniques de relaxation musicale font maintenant partie du répertoire des psychothérapeutes. La musique est maintenant un outil essentiel au service de ces professionnels, leur permettant d'accroître l'efficacité de leurs interventions.

Les massothérapeutes ajoutent un surcroît de valeur à leurs traitements en faisant appel à des techniques de relaxation musicale. « Pour plusieurs clients, une musique appropriée contribue à créer une atmosphère qui m'aide à faire un travail plus profond et plus efficace. Et à la fin d'un traitement, au moment où je leur masse les pieds, la musique les aide à se recentrer, à reprendre contact avec la réalité et à réintégrer leur corps », déclare Bev Sharette, une masseuse établie depuis longtemps à Boulder, au Colorado. « Le silence aussi est très important. En apprenant à mieux connaître chaque client, j'arrive à m'adapter à ses préférences musicales. »

Plusieurs de mes étudiants emploient un système en trois phases lors de leurs séances de massothérapie :

1. Induction, détente et relâchement d'une durée de 20 minutes ;

2. Relaxation profonde et abandon au cours des 20 minutes suivantes ;

3. Recentrage et reprise de contact avec la réalité de 5 à 10 minutes à la fin.

Un grand éventail de styles musicaux peut être employé lors de ces trois phases, en fonction des besoins physiques et psychologiques de chaque personne. La musique classique, la musique Nouvelle Âge, le jazz léger, les rythmes inspirants ou les chants ont tous leur place au menu. Le thérapeute n'est pas laissé pour compte, et certains morceaux sont prévus pour l'aider à restaurer son énergie et son dynamisme à la fin la journée.

« *L'oreiller thérapeutique* »

L'année dernière, j'ai entendu parler pour la première fois de recherches effectuées en Europe au sujet d'un « oreiller thérapeutique ». Étant directeur des services musicaux et acoustiques chez Aesthetic Audio Systems, la reconnaissance de la valeur thérapeutique des arts par la communauté scientifique a stimulé mon intérêt pour l'introduction de la musique dans les établissements de santé. J'étais depuis longtemps persuadé qu'un environnement acoustique de qualité n'était pas seulement bénéfique aux patients : le personnel médical, les visiteurs et les familles peuvent aussi profiter d'un milieu sonore plus sain et plus sécuritaire.

Au cours de mes recherches, mon associée Annette Ridenour m'a appris l'existence d'un « oreiller thérapeutique » inventé au Danemark par le compositeur Niels Eje et le docteur Per Thorgaard. Leur foi dans les effets positifs de la musique sur la santé est d'ailleurs si grande qu'ils ont mis sur pied une importante fondation dédiée uniquement à l'étude de ses bienfaits. L'oreiller qu'ils ont conçu, qui a déjà fait l'objet de nombreuses études en Europe et qui est présentement mis à l'essai dans le cadre de programmes pilotes aux États-Unis, se veut un complément aux approches traditionnelles. Sa raison d'être est d'aider les patients à surmonter les périodes de stress intense qui précédent et suivent une opération chirurgicale. Les haut-parleurs enchâssés dans un coussin confortable reproduisent des sons naturels ou une douce musique improvisée. Elle enveloppe le patient dans une atmosphère sonore apaisante, sans la présence de longs fils de branchement, d'équipements ou d'écouteurs encombrants. Les usagers apprécient le réconfort que la musique leur apporte. Qui plus est, des études ont démontré que l'usage de cet oreiller réduit le besoin de sédatifs avant l'opération et abrège le temps de récupération post-opératoire.

L'oreiller musical n'est qu'un exemple parmi tant d'autres des méthodes émergentes qui visent à soutenir les patients, tout en aidant les professionnels de la santé à travailler plus efficacement. Depuis la salle d'urgence jusqu'à l'aile de la maternité, en passant par le bloc opératoire, le stress est un élément incontournable de l'expérience médicale. Apaiser la conscience et l'esprit est un excellent moyen de détendre et même de guérir le corps. En créant un environnement harmonieux — à l'aide de sons soigneusement sélectionnés qui rendent l'esprit plus clair sans stimuler à outrance — l'ensemble des facultés sensorielles peut être mobilisé. L'attitude, la volonté et la force physique du patient sont alors totalement engagées dans le processus de guérison.

Optimiser le pouvoir de la relaxation

De nombreuses recherches ont établi que des périodes prolongées de stress usent et endommagent le corps. Le système immunitaire s'affaiblit, créant des conditions propices à l'hypertension, aux maux de tête, aux hémorragies cérébrales et aux maladies coronariennes. Cependant, des techniques toutes simples peuvent être employées quotidiennement pour atténuer la tension nerveuse menant à ces complications ou à d'autres maladies. Depuis près de trois décennies, les psychologues et les thérapeutes du corps et de l'esprit ont commencé à employer ces techniques de relaxation progressive pour guérir leurs patients.

La version simplifiée qui suit ne vous demandera que quelques minutes de votre temps. Vous pouvez la faire assis sur une chaise confortable, étendu dans votre lit ou même au travail. Accordez-vous une période d'essai pour observer les effets qu'elle produit sur vous, puis faites des expériences pour l'adapter à vos besoins.

Relaxation progressive en cinq minutes

- Choisissez une position confortable sur une chaise, sur le plancher ou dans votre lit ;

- Fermez les yeux et prenez conscience de votre respiration. Expirez lentement et profondément à trois ou quatre reprises ;

- Tout en continuant à respirer, relâchez toute tension dans vos pieds et dans vos jambes ;

- Sentez comme elles sont devenues légères ;

- Ensuite, relâchez toute contraction dans vos cuisses, vos hanches et votre bassin... détendez tous les muscles de la partie inférieure de votre corps ;

- Imaginez que toute tension se retire de votre torse, depuis le creux de l'estomac jusqu'à la poitrine ;

- Éprouvez une sensation de légèreté dans vos épaules, vos bras et vos mains. Étirez-vous légèrement, puis relâchez tout. Sentez une vague de détente monter dans tout votre corps ;

- Détendez les muscles de votre cou, de votre gorge et de vos mâchoires. Sentez le souffle de votre inspiration diffuser une sensation de bien-être dans ces régions ;

- « Expirez » toute la tension de votre visage et du dessus de votre tête, permettant à votre esprit de s'éclaircir. Le souffle de votre respiration chasse toutes vos pensées ;

- Demeurez calme pendant une minute ou deux encore et laissez votre corps retrouver son équilibre ;

- Expirez longuement et commencez à vous étirer, en émettant le son « Aaaaahhhh » ;

- Reprenez contact avec votre environnement. Prenez votre temps avant de vous lever et reprendre vos activités de la journée.

Il existe plusieurs variantes de cette technique. Si vous l'utilisez le soir, elle augmentera la qualité de votre sommeil. Elle peut servir d'étape préparatoire à une séance de méditation ou à l'accomplissement d'une tâche stressante. Vous pourriez même la trouver utile avant de courir ou au début de toute autre forme d'entraînement.

La musique accompagne heureusement ce processus. Au fur et à mesure que vous vous familiarisez avec les exercices de ce livre, vous pourrez créer votre environnement musical personnalisé pour votre séance du matin, de l'après-midi et du soir. Peu importe à quelle fréquence vous faites cet exercice, vous en ressentirez les bienfaits à chaque fois.

Lorsque cette technique de relaxation progressive fera partie de votre vie, vous deviendrez sans doute plus conscient des sons de l'environnement. Les climatiseurs, les appareils de chauffage, les réfrigérateurs, les alarmes, les ordinateurs et la circulation automobile produisent des sons auxquels nous sommes si habitués que nous ne nous rendons pas compte de la tension qu'ils provoquent. En prenant conscience de ces bruits dérangeants, en particulier ceux de basse fréquence, vous mettez du même coup le doigt sur l'une des sources invisibles du stress.

Certains sons sont nuisibles et n'apportent au corps que fatigue et tension. D'autres, par contre, rechargent le cerveau et le corps, régénèrent notre énergie et nous revigorent. Les sons et la musique auxquels nous nous exposons ressemblent à un régime alimentaire. Nous avons besoin de périodes de silence, de stimulation et de relaxation au cours la journée ; si nous négligeons de les procurer à notre corps, il se fatigue petit à petit.

Utilisez la musique, la visualisation et les affirmations de ce chapitre

Au cours de l'exercice de ce chapitre, nous visualiserons un monde d'harmonie, de beauté et de bien-être.

Première étape

Affirmation :
Le calme et la paix enveloppent mon esprit et mon corps.

- Fermez les yeux et ressentez autour de vous la présence d'une grande sphère de lumière qui vous protège du monde extérieur ;

- Prenez quelques instants pour répéter l'affirmation ; imaginez que vous êtes dans une agréable bulle lumineuse ;

- Relaxez toute partie de votre corps qui vous semble tendue et laissez votre respiration devenir plus profonde.

Deuxième étape

Lorsque vous sentez que vous dites l'affirmation avec spontanéité et naturel, ouvrez les yeux et regardez l'image du cercle à la fin de ce chapitre.

- Asseyez-vous et tenez le livre directement face à vous, la tête levée dans sa direction (plutôt que de le poser sur vos genoux) ;

- Répétez encore l'affirmation à quelques reprises, en regardant directement au centre du cercle ;

- Essayez de garder les yeux fixés sur ce point en inspirant, puis « expirez » l'affirmation ;

- Répétez cet exercice à cinq ou six reprises, en dirigeant toujours votre regard vers le centre de l'image ;

- Fermez les yeux et imprégnez-vous de l'affirmation et de l'image. Pouvez-vous voir le cercle grâce à votre vision intérieure ?

Troisième étape

Écoutez maintenant le morceau n° 2 du CD d'accompagnement. Il s'agit d'une œuvre pastorale intitulée

« Sicilienne » de Gabriel Fauré (tiré de l'album *Inner Peace for Busy People* de Spring Hill Music, inspiré par le livre du même titre de Joan Borysenko).

- Écoutez le morceau une fois en gardant les yeux fermés, avec l'intention de vous sentir « enveloppé » de sécurité ;

- Réécoutez-le de nouveau en regardant au centre du cercle et ressentez la puissance de la musique ;

- Dites ensuite l'affirmation : *Le calme et la paix enveloppent mon esprit et mon corps ;*

- Laissez vos yeux, vos oreilles et votre esprit vibrer au diapason de cette harmonie apaisante ;

- Lorsque la musique se termine, sentez la présence de la sphère autour de vous et du cercle devant vous ;

- Prenez quelques respirations et sentez votre force nouvelle avant de revenir à la réalité. Pensez à l'endroit que vous quittez comme à un havre de paix, où vous pouvez revenir et vous reposer à l'avenir.

Le calme et la paix enveloppent mon esprit et mon corps.

Musique : morceau nᵒ 2, « Sicilienne », de Gabriel Fauré

« *L'imagination n'est pas le talent de quelques individus, c'est la richesse de tous.* »

*** RALPH WALDO EMERSON ***

Chapitre 3

Réflexions
sonores

Edmund Jacobson, le scientifique et chercheur à l'origine de la technique de relaxation progressive décrite précédemment, fut si fasciné par la relation corps-esprit qu'il venait de mettre en évidence qu'il a décidé de se consacrer à l'exploration de ce phénomène au cours des décennies suivantes.

Dans le cadre d'études ultérieures menées aux universités de Chicago, Cornell et Harvard, il fut établi que si l'esprit répond à la détente musicale, le corps réagit aussi physiquement aux images mentales. Au cours d'une expérience, on a demandé aux participants d'imaginer qu'ils déambulaient dans un magnifique décor extérieur. Au même moment, des relevés de rétroaction biologique révélèrent que les muscles des jambes généraient des impulsions électriques, même s'ils étaient étendus. Des résultats semblables furent obtenus lorsqu'on suggéra aux participants d'imaginer qu'ils couraient, savouraient certains mets ou s'étiraient.

Vous êtes déjà probablement familier avec ce phénomène. Nous éprouvons tous diverses sensations qui ne correspondent à aucune réalité, comme lorsque nous rêvons, par exemple. Avez-vous déjà rêvé que vous caressiez un chat, marchiez dans la forêt ou dégustiez un plat ? Ces images créent la sensation de l'expérience, même si celle-ci n'a pas vraiment lieu dans le monde extérieur. Faisons maintenant un simple exercice afin de démontrer la puissance de cette connexion entre le corps et l'esprit :

- Fermez les yeux et évoquez l'odeur du pain sortant du four. Ensuite, imaginez une variété de baguettes et de miches sur les tablettes du boulanger. Imaginez-vous en train de vous régaler d'une tranche bien chaude tartinée de beurre fondant. Prenez quelques instants pour savourer l'expérience ;

- N'était-ce pas délicieux ? Cela ne vous a-t-il pas mis l'eau à la bouche ? Pouviez-vous sentir l'arôme du pain en train de cuire ?

Le cœur et l'esprit réagissent aux images, que celles-ci proviennent de notre imagination ou du monde réel. Au fur et à mesure que le cerveau organise l'information reçue à partir des sens, il élabore une image globale d'une situation, ce qui nous permet d'y évoluer et de prendre des décisions. De cette manière, les vastes ressources sensorielles glanées au fil des expériences de notre seule vie influent en tout temps sur notre façon de vivre. De grands penseurs, depuis Platon jusqu'à Carl Jung, ont écrit sur le thème du pouvoir des images et de leur rôle dans l'activation des forces latentes de notre personnalité. La musique peut contribuer à amplifier ces effets : elle nous aide à organiser nos pensées et nos sensations, à nous faire prendre conscience de certaines vérités et à mieux nous connaître.

Les yeux et les oreilles de l'esprit

Les docteurs Jeanne Achterberg et Frank Lawless furent des pionniers de la recherche sur les effets positifs de l'imagerie et de la musique sur le système immunitaire. Ils ont découvert que la musique demeure l'outil de choix pour alléger l'anxiété et la peur lors des interventions médicales. Elle aide l'esprit à se concentrer et procure au patient un sentiment de détente qu'il peut contrôler à volonté.

Un programme innovateur développé par le docteur Jon Kabat-Zinn de l'Université du Massachusetts au Memorial Medical Center a permis de découvrir que la musique de harpe offrait une solution de remplacement sécuritaire aux sédatifs et autres drogues affectant l'humeur.

Suite à de nombreuses observations comme celles-ci, et à l'émergence d'un nouveau domaine, celui de la psycho-neuro-immunologie, les professionnels de la santé ont commencé à introduire des techniques d'imagerie — incluant la relaxation musculaire, la visualisation et l'usage de la musique — dans leurs traitements. Le docteur Norman Shealy, spécialiste de la douleur et de la réadaptation basé à Springfield, au Missouri, affirme que la combinaison de ces techniques représente « la meilleure thérapie à notre disposition pour venir en aide aux personnes stressées ou aux prises avec des douleurs chroniques ».

Le corps répond promptement aux stimulations claires et structurées. Il augmente sa production d'endorphines, des opiacés naturels qui adoucissent l'humeur et procurent un soulagement rapide de la douleur et de l'inconfort. Écouter de la musique de cinq à sept minutes, tout en imaginant que vous êtes dans un décor paisible aux teintes pastel, meublé et décoré avec goût, peut susciter des changements observables de votre pouls et de votre rythme respiratoire. Les cycles des ondes cérébrales, de la température du corps et de la pression sanguine peuvent aussi être modifiés. Avec le temps, des schémas de stress acquis au cours d'une vie entière arrivent à être *rééduqués* grâce à la musique et à l'imagerie. Le résultat est un accroissement du nombre de cellules-T du système immunitaire, accompagné d'une amélioration durable de la santé et du bien-être.

Cette combinaison de sons harmonieux et de visualisation intérieure peut améliorer votre santé, mais ses bienfaits ne s'arrêtent pas là. La puissante connexion corps-esprit — reliant les sens à l'imaginaire — influe sur bien d'autres aspects de notre vie. Il arrive, par exemple, que notre dialogue intérieur devienne si obsédant que nous n'entendons plus ce que notre corps essaie de nous dire. La musique apaise ce bavardage intérieur et nous permet d'organiser et de clarifier nos pensées et nos émotions. Lorsque nous nous laissons bercer par une mélodie apaisante, nous entrons dans un état d'écoute profonde qui favorise l'inspiration. Nous sommes davantage en mesure de prévoir les défis que nous réserve l'avenir et de nous y préparer.

Les thérapeutes ont aussi découvert que les états de détente induits par l'écoute d'œuvres classiques représentent un outil profond pour accéder aux régions inexplorées du psychisme. La thérapeute musicale Helen Bonny, auteure de la méthode de Visualisation dirigée et d'écoute musicale (VDEM), a fait l'objet d'études approfondies et dont la valeur thérapeutique a été maintes fois démontrée. Helen est depuis longtemps persuadée que la musique classique est un moyen sûr et puissant « d'atteindre et d'explorer des niveaux supranormaux de la conscience humaine ».

Laissez-vous entraîner dans une douce rêverie en écoutant le CD d'accompagnement et permettez aux images de naître dans votre esprit. Vous sentirez le pouvoir évocateur de la musique. Lorsque vous avez atteint un état de détente agréable, reprenez ce livre et concentrez-vous sur les formes visuelles simples (qui se trouvent à la fin de chaque chapitre). Après avoir répété ce processus de relaxation et d'harmonisation des sens pendant quelques jours, vous commencerez à avoir de nouvelles inspirations, ou bien à faire des rêves qui vous laisseront une profonde impression. Bien que ces exercices ne soient pas l'équivalent du processus thérapeutique d'une séance de VDEM, ils vous offriront un aperçu des trésors latents de votre esprit inconscient, qui attendent d'être révélés par la visualisation et la musique.

Les bruits de notre environnement

Lors de vos premiers essais avec les techniques présentées dans ce livre, vous avez peut-être été distrait par les bruits environnants. Votre cerveau a dû consacrer une partie de son énergie à filtrer les sons du four à micro-ondes, du téléviseur, du radiateur et du téléphone. De tels bruits ambiants peuvent être très dérangeants lorsque vous tentez de vous concentrer sur votre moi intérieur. Ils peuvent aussi avoir un effet destructeur réel sur le corps.

Le bruit nous empêche de nous détendre et perturbe notre sommeil. Au réveil, nous nous sentons fatigués, plutôt que frais et dispos. Il est important d'arriver à se « déconnecter » du bruit ambiant lorsque nous empruntons le métro, conduisons notre voiture ou travaillons près d'un climatiseur, par exemple. Ces petits bruits agaçants — aussi subtils soient-ils — vous empêchent de penser clairement, même si vous n'êtes pas conscient de la source de votre distraction.

Prenez quelques instants pour évaluer l'état acoustique de chaque pièce de votre maison et de votre lieu de travail, en imaginant que tout votre corps est une oreille. Rendez-vous dans les trois pièces de la maison où vous passez la majeure partie de votre temps. Fermez alors les yeux et écoutez. Y a-t-il des horloges, des appareils de chauffage, des chauffe-eau ou des réfrigérateurs qui vous fredonnent leurs fréquences à haute voix ? Entendez-vous le bourdonnement de la lampe halogène ? Les conditions sonores changent-elles beaucoup d'une pièce à l'autre ? Examinez votre chambre à coucher : un côté est-il plus silencieux que l'autre ? Entendez-vous l'eau qui coule ou le tic-tac du réveille-matin ? Tous ces bruits créent une tension invisible qui peut perturber votre sommeil et le rendre moins réparateur.

Même les sons à la frontière de la perception peuvent avoir un effet physique et émotionnel dommageable. Dans une section de l'aéroport de Los Angeles, j'ai remarqué la présence d'un bourdonnement très envahissant, mais dont la fréquence est si basse que la plupart des gens ne l'entendent pas. J'ai souvent observé des voyageurs venir s'asseoir à cet endroit avant de le quitter peu de temps après, comme s'ils essayaient de s'éloigner d'une odeur désagréable. En fait, lorsque je m'assois dans ce salon à l'aéroport, je perçois le bruit dans mon corps comme une sorte d'inconfort impalpable. Il induit une tension réelle, même si sa source échappe à la majorité des voyageurs.

Inversement, il existe des sons qui peuvent contribuer à réduire le stress causé par l'environnement. Le chant des oiseaux, le ruissellement de l'eau et même une douce brise peuvent créer un effet d'équilibre dans une pièce muette du point de vue acoustique. De telles sonorités égayent l'humeur de la plupart des gens et leur communiquent un sentiment de bien-être. Il y a toutefois des exceptions, et certaines personnes à l'ouïe très fine seront négativement affectées par ces « ornements sonores ». Ils sont suffisants pour distraire les enfants souffrant d'un déficit d'attention, par exemple, et les empêcher de compléter des tâches simples.

Dans certains environnements, il est utile de masquer et de couvrir des bruits non désirés. D'autres bénéficient de la présence d'un modèle rythmique constant qui assure la circulation de l'énergie. La musique populaire joue souvent ce rôle en dynamisant un restaurant ou un lieu commercial. Véritable « caféine sonore », ces chansons populaires procurent une stimulation utile — mais une exposition soutenue à une musique bruyante ou rapide finit par affaiblir le corps.

Le facteur critique demeure le contrôle que nous avons sur la source des bruits ambiants. L'exemple familier est le tapage insupportable du téléviseur ou de la chaîne stéréo du voisin. Une personne qui fait craquer ses jointures dans une pièce silencieuse ou qui tambourine sur son bureau peut également vous mettre les nerfs en boule. Même la meilleure musique du monde peut se transformer en « bruit » si l'auditeur ne l'a pas choisie. On pourrait définir ici le *bruit* comme « l'ensemble des sons non désirés ». N'importe quel son qui, du point de vue de celui qui le subit, est inapproprié ou indésirable se transforme en « bruit », s'il se prolonge assez longtemps ou si son volume est exagéré.

Au Maryland Psychiatric Research Center de Baltimore, des volontaires ont été exposés à des bruits incohérents pendant un certain nombre de jours. Au terme de l'expérience, ils ont affirmé ressentir un sentiment d'impuissance, de la tension, de la tristesse, de l'anxiété, du stress, l'impression de perdre le contrôle de leur vie et de l'insomnie. Les réactions physiques incluaient un accroissement de l'activité du système nerveux sympathique et d'autres désordres physiologiques.

Dans le cadre d'une étude conduite à l'Université du Mississippi, 60 jeunes hommes de premier cycle se sont portés volontaires pour tester les effets des sons bruyants. Parallèlement, un groupe témoin était exposé à des bruits d'intensité modérée. Les sujets soumis à des niveaux sonores élevés ont vu leur tension augmenter, au point d'afficher parfois des comportements agressifs.

Les effets à long terme des bruits environnementaux sont légion. L'ouïe est affectée et le corps, dans son ensemble, est accablé par une tension, une anxiété et une fatigue dont l'origine semble inexplicable. Souvent, la dépression, les crises existentielles du mitan de la vie ou les malaises associés à la ménopause apparaissent en raison de l'isolement et de la solitude qui accompagnent la diminution, si minime soit-elle, de la faculté de percevoir les sons aigus.

Pour garder un esprit et un corps sains, il est vital d'être conscient de notre environnement sonore et d'en garder la maîtrise. Nous devons aussi identifier les sons qui nous sont agréables et améliorent notre humeur. Enfin, une bonne qualité de l'acoustique à la maison, au travail et dans les lieux que nous fréquentons accroît l'efficacité des outils sonores, visuels et sensoriels destinés à améliorer la communication entre le corps et l'esprit présentés dans ce livre.

Redécorer votre monde intérieur

En combinant la visualisation, l'écoute et d'autres types de stimulations sensorielles, nous puisons à la source de notre réalité intérieure : au langage des émotions et aux multiples sensations qui nourrissent le flot infini de l'imagination. Parfois, l'imagerie qui en émerge est profondément symbolique, comme celle qui semble surgir de nulle part dans nos rêves. En d'autres occasions, des idées d'une grande perspicacité se présentent au cours d'intenses moments de contemplation. Il arrive aussi que la solution que nous cherchions depuis longtemps semble tomber du ciel au moment où nous nous y attendons le moins.

Notre corps ne répond pas toujours de la même manière à des stimuli identiques. Nous y réagissons parfois physiquement ou, en d'autres occasions, par la manifestation d'émotions extrêmes. Il arrive qu'en écoutant une musique évocatrice, des images vibrantes nous viennent à l'esprit ; à d'autres moments, c'est une pensée ou un souvenir enseveli depuis très longtemps.

Il n'existe pas de combinaison d'images, de sons, d'odeurs, de textures ou de stimulations représentant l'unique « bonne » méthode. Que vous choisissiez d'inclure la méditation, la prière, la rétroaction biologique ou la visualisation dans votre rituel quotidien, il est bon de savoir que des techniques très simples suffisent souvent pour chasser la fatigue ou certaines douleurs. À peine trois ou quatre minutes de visualisation au son d'une musique appropriée, trois fois par jour, suffisent à alléger des malaises bénins, comme les maux de tête, la tension musculaire ou les inflammations. Avec l'habitude et un peu d'expérimentation, vous trouverez la formule qui fonctionne le mieux pour vous.

L'imagerie et la visualisation

On confond très souvent ces deux notions, tant dans leur signification que dans leur emploi. Le terme *imagerie* est plus général et englobe tous les sens. Les sensations de l'odorat, du goûter, de l'ouie et de la vue — qu'elles soient immédiates, évoquées ou simplement imaginées — se combinent pour créer notre expérience de l'imagerie.

La *visualisation*, par contre, suppose l'usage d'images précises qui représentent soit une forme, soit une scène imaginée. Un type élémentaire de visualisation consiste à regarder attentivement les formes simples qui se trouvent à la fin de chaque chapitre. Le contraste entre les images au premier plan et les couleurs de fond favorisent la concentration, le calme et la relaxation. Contrairement aux visualisations plus complexes — comme celles de scènes naturelles, de personnes ou d'environnement familiers — les formes géométriques de ce livre stabilisent notre esprit en vertu de leur simplicité même. Nous sommes alors mieux disposés à accueillir la musique et les affirmations qui amplifieront les bienfaits de la relaxation.

Utilisez la musique, la visualisation et les affirmations de ce chapitre

Première étape

Affirmation :
Je suis en harmonie avec le monde qui m'entoure.

Fermez les yeux et imaginez que vous êtes debout au centre d'un triangle d'air vivifiant. Vous êtes immobile, stable et vous sentez une grande force dans vos pieds.

- Que vous soyez assis ou debout, laissez la terre au-dessous vous soutenir ;

- Répétez l'affirmation pendant quelques minutes ;

- Imaginez que vous êtes envahi par un grand calme et une douce paix. Relaxez les parties de votre corps qui vous semblent les plus tendues. Laissez votre respiration devenir de plus en plus profonde et calme.

Deuxième étape

Lorsque sentez que vous dites l'affirmation avec spontanéité et naturel, ouvrez les yeux et regardez le triangle à la fin du chapitre.

- Observez l'image en tenant le livre droit devant vous, en gardant la tête levée ;

- Répétez l'affirmation à quelques reprises en regardant directement au centre du triangle ;

- Essayez de garder les yeux fixés sur ce point en inspirant, puis « expirez » l'affirmation. ;

- Répétez cet exercice à cinq ou six reprises, en dirigeant toujours votre regard vers le centre de l'image ;

- Finalement, fermez les yeux pour vous imprégner de l'affirmation et de l'image. Êtes-vous capable de voir le triangle grâce à votre vision intérieure ?

Troisième étape

Écoutez maintenant le morceau n° 3 du CD d'accompagnement. Cette œuvre pastorale bien connue intitulée « Le

Matin », d'Edvard Grieg, évoque l'éclat du jour naissant, frais et radieux.

- Comblez le triangle qui entoure votre corps avec l'énergie du lever du soleil ;

- Écoutez l'extrait musical une fois en gardant les yeux fermés, avec l'intention de vous sentir ferme, fort et dispos ;

- Écoutez la pièce de nouveau en regardant au centre du triangle qui se trouve à la fin de ce chapitre. Sentez la puissance de la musique qui vous baigne de sa beauté naturelle ;

- Affirmez : *Je suis en harmonie avec le monde qui m'entoure* ;

- Fermez les yeux et laissez le soutien ferme de la terre calmer et détendre votre corps. Le triangle protège votre énergie et représente la renaissance perpétuelle de l'équilibre entre le corps et l'esprit.

**Je suis en harmonie
avec le monde qui m'entoure.**

Musique : morceau n° 3, « Le matin », de *Peer Gynt suite n° 1*,
d'Edvard Grieg

*« Ce qu'il y a
de bien avec la
musique, c'est
que lorsqu'elle
frappe, elle ne
vous fait pas
mal. »*

*** BOB MARLEY ***

Chapitre 4

Le corps
de la musique

Lorsque j'étais enfant, mon corps réagissait à tous les sons et la musique dansait dans chacune de mes cellules. Je chorégraphiais tout ce que j'entendais — depuis « Humpty Dumpty » jusqu'à *South Pacific*. Je fredonnais tous les airs et dansais avec des partenaires imaginaires. À l'église, l'orgue et les chants du chœur faisaient naître des couleurs et des images d'anges dans mon esprit d'enfant de quatre ans. Mon corps n'était qu'une oreille et cela me rendait perplexe de voir que tous les autres n'étaient pas entraînés par la musique comme je l'étais.

Dès l'âge de six ans, on m'avait déjà bien entraîné à rester assis docilement et à écouter. Cela m'ennuyait de devoir mettre mon corps « sous clé » quand tant de choses merveilleuses se produisaient dès que j'entendais de la musique. Mon père jouait du piano, de l'accordéon, de l'harmonica et de la guitare…et ces instruments étaient magiques pour moi. J'adorais enlever le revêtement de bois qui recouvrait la base du piano épinette, juste au-dessus des pédales. Je m'y assoyais et, en pinçant les cordes, je produisais des sons excitants qui faisaient naître une féerie de couleurs dans ma tête.

C'est ma grand-mère qui m'a convaincu d'apprendre à produire les sons de la manière conventionnelle. Elle me fit asseoir sur le tabouret et me montra comment faire danser mes doigts sur les notes blanches et noires. J'ai appris le nom des clés ; j'ai pratiqué les rythmes de base ; j'ai commencé à traduire en mélodies ces lignes, ces espaces et ces cercles suspendus à leurs petits « bras » — et j'ai aussi appris à oublier les couleurs radieuses et l'énergie irrésistible que le son produisait dans mon corps.

Au cours de la décennie suivante, c'est mon esprit qui est demeuré maître de mon expérience auditive. Chanter avec le chœur, jouer de la clarinette et étudier le piano devinrent des événements habituels de ma semaine. À l'âge de 13 ans, on m'a envoyé étudier au Conservatoire américain de musique de Fontainebleau, en France. Dix ans plus tard, j'avais complété ma formation en enseignement de la musique, à l'orgue et en direction d'orchestre. J'acceptai mon premier emploi de professeur de musique.

Rien ne m'avait préparé au choc que fut ma première heure en compagnie de 30 écoliers de première année provenant d'une quinzaine de pays. Il convient d'ajouter que j'enseignais dans une école internationale de Tokyo, et que plusieurs de mes jeunes élèves ne parlaient pas anglais. Au bout de quinze minutes, j'ai compris que ma formation académique ne me serait d'aucun secours pour canaliser l'énergie, comparable à celle d'une tornade, de tous ces enfants. Alors que je m'évertuais à jouer et à chanter pour eux, mes élèves remuaient, faisaient des pirouettes, sautaient et trouvaient mille et un nouveaux usages au plancher, aux chaises et à tous les instruments qui se trouvaient dans la classe.

Ces premières semaines chaotiques avec mes élèves ont représenté une révolution pour moi. Ils m'ont appris à parler le langage des rythmes et des rimes. Leurs mouvements constants reflétaient l'harmonie et la cadence de la musique. Avec eux, j'ai rapidement compris qu'*aigu*, *grave*, *doux* et *fort* représentaient aussi bien des mouvements que des sons. Mes écoliers m'ont montré à me rappeler ma propre enfance radieuse, quand tout était couleurs et énergie.

Au cours de mes sept années au Japon, je ne disposais pas de ressources comparables à celles de mes collègues américains et européens. Ce furent les enfants qui me réapprirent à écouter avec mon corps, mon cœur et mon intuition. Ceci fut le début d'une importante période de ma vie professionnelle, car c'est à ce moment-là qu'a commencé à germer l'idée d'intégrer l'imaginaire à l'expérience musicale.

Au cours de la décennie suivante, mon intérêt pour le cerveau, la conscience et le rôle de la musique sur la santé s'est développé, alimenté par mes études complémentaires en psychologie. La musique, vue comme une forme de thérapie et un chemin menant à la guérison, devint mon centre d'intérêt. Et c'est ainsi que je me suis mis à l'étude des systèmes anciens d'harmonie et d'interprétation musicale de la Grèce et de l'Inde.

En rétrospective, je comprends maintenant que cette époque fut un point tournant de ma vie. Cette expérience m'a donné la chance d'appréhender la musique au-delà des définitions conventionnelles, dans un sens plus global — comme une ronde universelle entraînant à la fois le corps, le cœur et l'esprit.

Éveiller la conscience grâce à la musique

Au cours des dernières décennies, notre compréhension de la relation existant entre la musique et la conscience s'est étendue et approfondie grâce aux recherches effectuées en psychologie. Dans son livre révolutionnaire, *The Highest State of Consciousness*, Stanley Krippner décrit comment la musique peut aider l'individu à passer librement d'un niveau de conscience à un autre. À partir d'un état de veille normal et détendu, la musique étend le champ des perceptions sensorielles et permet d'entrer en rêverie, en transes, en contemplation et même en extase.

Lorsque nous sommes dans de tels états de conscience, notre perception du temps se modifie. Une musique lente aux riches sonorités nous émancipe des concepts de la partie gauche de notre cerveau (comme les minutes et les heures). Le temps devient une expérience plus immédiate, nourrie de souvenirs et d'émotions. Tout comme dans nos rêves, nous embrassons les détails de plusieurs événements d'un seul regard. Lorsque le corps se détend profondément, la peur, la douleur et l'anxiété diminuent et des images d'expériences passées émergent avec la musique.

La musique et les exercices de ce livre n'ont pas la prétention de se substituer à une thérapie en profondeur. Ils *sont* toutefois conçus pour vous donner la clé qui vous permettra de vous affranchir des tensions normales de la vie quotidienne. Le but est de placer entre vos mains des outils visuels, auditifs et linguistiques qui favorisent la relaxation.

Chorégraphier le corps

Les psychologues et bien d'autres thérapeutes utilisent depuis longtemps la puissance de la musique pour accéder aux divers niveaux de la conscience. Les activités non verbales, comme chanter, jouer de la batterie ou d'un instrument sont couramment employées en clinique pour stabiliser l'état émotionnel et le comportement social des patients. Par la simple écoute d'une mélodie, le thérapeute peut susciter une attitude plus coopérative et établir un lien de communication. Son objectif n'est pas d'enseigner la musique, et aucune connaissance musicale préalable n'est requise de leur part. Les rythmes, les timbres et l'énergie des mélodies ont plutôt pour but de créer une connexion directe entre le cœur, le corps et l'esprit.

La thérapie musicale s'est développée en une science clinique du comportement. Son objectif est de modifier les attitudes affectives, physiologiques et sociales des patients, en les faisant participer à des activités musicales non verbales. Parfois, par la simple écoute d'harmonies appropriées, on obtient des résultats psychologiques remarquables. Un processus d'interaction s'établit entre le thérapeute et ses patients, qui n'a pas pour but de leur enseigner la musique ni même d'insister pour qu'ils s'y intéressent.

En 1983, la National Association for Music Therapy (NAMT) définissait ses membres comme des spécialistes qui se servent de la musique afin d'aider des personnes présentant des besoins spécifiques en matière de santé mentale et physique, d'habilitation, de réhabilitation ou d'éducation adaptée : « Notre objectif est d'aider les individus à atteindre et à maintenir un niveau optimal de fonctionnement dans la société. »

Les thérapies musicales sanctionnées par l'American Music Therapy Association (qui inclut maintenant l'ex-NAMT) ont aidé un nombre incalculable de patients, que ce soit au chapitre de la santé physique et mentale, de la réadaptation fonctionnelle ou de l'éducation adaptée. La musique fait son entrée dans des champs thérapeutiques de plus en plus nombreux. Le chant, la vocalisation et la visualisation accompagnés de musique sont maintenant des pratiques courantes en médecine alternative, comme l'acupuncture, la chiropratique et la massothérapie, afin de réduire la tension et favoriser la relaxation.

Il a aussi été démontré que la musique régularise la cadence de travail et améliore la productivité. En 1995, le *Journal of the American Medical Association* a publié une étude portant sur 50 chirurgiens de l'Université de l'État de New York à Buffalo. Celle-ci démontrait que la musique réduisait la pression sanguine des chirurgiens au cours des opérations, ce qui les aidait à compléter leurs tâches plus rapidement et plus efficacement. La vaste majorité des répondants, soit 46 médecins, affirmaient que c'est au son de la musique classique qu'ils travaillaient le mieux. Deux médecins manifestaient une préférence pour le jazz et deux autres appréciaient particulièrement le folklore irlandais.

Des études sont également en cours à l'hôpital Exempla Good Samaritan, au Colorado. Celles-ci ont pour but d'évaluer les avantages d'autoriser l'ensemble du personnel hospitalier à travailler au rythme de musiques variées, allant du classique au jazz, en passant par de la musique de détente. Il n'y a pas que le milieu médical qui puisse bénéficier des bienfaits d'un environnement sonore de qualité. D'innombrables recherches ont établi que la musique améliorait le rendement au travail, la santé et la mémoire, peu importe le domaine d'activités.

L'ouvrage de Barbara Crowe, *Music and Soulmaking*, reste à ce jour l'un des plus complets et actuels sur l'usage de plus en plus répandu de la musique, que ce soit pour améliorer notre santé, accroître notre productivité ou agrémenter notre vie. Vous trouverez une liste de lectures suggérées à la fin du volume (pages 115 à 116), incluant des ouvrages qui décrivent les pouvoirs curatifs et spirituels de la thérapie musicale.

Ces sons harmoniques sont un parfait complément dans les environnements médicaux. Ils ne peuvent se substituer à la compétence d'un médecin, bien sûr, mais jouent le rôle d'un assistant fidèle capable de soutenir moralement, stimuler la créativité et protéger le système immunitaire dans les périodes difficiles.

♪

Les bienfaits de la musique pour l'esprit et le corps

Voici quelques bienfaits additionnels de la musique :

- La musique améliore la mémoire à long terme. Lorsque nous écoutons des mélodies ou fredonnons les chansons de notre enfance, bougeons et dansons au rythme des succès populaires de nos années de jeunesse, notre corps, notre esprit et nos émotions se « reconnectent » aux régions de notre cerveau dont la fonction est de nous dynamiser et de nous stimuler. De plus, de nouvelles idées et de nouvelles informations deviennent plus faciles à mémoriser lorsque nous utilisons des modèles musicaux pour les organiser dans notre esprit ;

- La musique aide à maintenir le tonus des parties inférieures et supérieures du corps, elle améliore sa mobilité en général et enrichit son répertoire de mouvements. Bouger, jouer d'un instrument, taper des mains ou battre simplement la mesure du pied sont d'excellents moyens de maintenir et d'améliorer le contrôle moteur de notre corps ;

- La musique favorise la clarté d'esprit ;

- La musique réduit le stress mental et physique, de même que l'anxiété. En quelques minutes, elle chasse la tension et contribue à harmoniser nos émotions ;

- La musique aide à surmonter l'ennui, la solitude ou un coup de cafard. Lorsque nous prenons l'habitude de faire de la visualisation, de répéter des affirmations et d'écouter de la musique en pareilles circonstances, notre état d'esprit s'allège et nous retrouvons le chemin de la bonne humeur ;

- La musique stimule notre créativité et notre originalité. Écoutez le CD musical d'accompagnement lorsque vous dessinez, peignez ou écrivez des poèmes.

Dans la Grèce antique, Apollon était reconnu à la fois comme le dieu de la musique et de la médecine. À cette époque, les accords terrestres étaient perçus comme le reflet de l'équilibre et de l'harmonie célestes. Depuis la nuit des temps, la simple vibration des cordes vocales et les chants servent à invoquer les puissances de l'invisible et à rectifier l'équilibre de l'âme. Novalis, un poète et philosophe de la période romantique écrivait : « Pour chaque maladie, il y a une solution musicale. Plus cette solution agit rapidement et complètement, plus grand est le talent musical du médecin. »

Novalis nous donnait sans doute là un conseil très judicieux sur la pertinence d'être notre propre médecin — que nous jouions ce rôle simplement en surveillant notre respiration, en prenant conscience de la tension dans notre corps ou en nous accordant la permission de voguer sur la vague de nos émotions. La musique est un puissant guérisseur : accueillez-la dans votre cœur, écoutez-la de toute votre âme, soyez au diapason de la symphonie de la vie. Tout ira bien.

Utilisez la musique, la visualisation et les affirmations de ce chapitre

Première étape

Affirmation :
Je vis en équilibre dans un monde de clarté et de beauté.

- Fermez les yeux et imaginez que vous êtes debout sur un grand croissant de lumière argentée ;

- Vous êtes d'aplomb sur vos pieds, en parfait équilibre à l'intérieur de ce merveilleux croissant de lune ;

- Prenez quelques minutes pour répéter cette affirmation : *Je suis en équilibre dans un monde de clarté et de beauté ;*

- Imaginez maintenant que vous occupez le foyer d'une merveilleuse sphère lumineuse ;

- Relaxez toutes les parties de votre corps qui vous semblent tendues et laissez votre respiration devenir plus profonde ;

- Si cela vous aide, levez-vous et tenez l'image du livre devant vous en prononçant l'affirmation de ce chapitre : *Je suis en équilibre dans un monde de clarté et de beauté.*

Deuxième étape

Lorsque vous sentez que vous dites l'affirmation avec spontanéité et naturel, ouvrez les yeux et regardez l'image du croissant à la fin du chapitre.

- En position debout ou assise, la tête levée, l'image étant placée à la hauteur de vos yeux, répétez l'affirmation ;

- Maintenez votre regard fixé au centre du croissant en inspirant, puis « expirez » l'affirmation. Refaites-le à cinq ou six reprises ;

- Fermez les yeux pour vous imprégner de la pensée et de l'image. Êtes-vous capable de voir la lune grâce à votre « vision » intérieure ?

Troisième étape

Écoutez le morceau n° 4 du CD d'accompagnement, l'« Andante » du *Concerto pour piano n° 14 en mi bémol majeur,* de Mozart.

- Écoutez la pièce une première fois les yeux fermés. Votre intention est d'amener votre corps à retrouver son équilibre ;

- Écoutez l'« *Andante* » de nouveau en fixant le centre du croissant. Sentez la puissance de la musique qui vous enveloppe ;

- Prononcez maintenant l'affirmation : *Je suis en équilibre dans un monde de clarté et de beauté* ;

- Laissez votre vision, votre écoute et votre esprit s'harmoniser avec cette expérience physique et mentale ;

- Lorsque la musique se termine, sentez la présence du croissant lumineux sous vos pieds. Que cet endroit soit un havre de sécurité où vous pourrez revenir en tout temps.

Je suis en équilibre dans un monde de clarté et de beauté.

Musique : morceau n⁰ 4 du CD « Andante »,
du *Concerto pour piano n⁰ 14 en mi bémol majeur* de Mozart

« *La musique fusionne toutes les parties de notre corps.* »

*** ANAÏS NIN ***

Chapitre 5

La santé
en harmonie

De plus en plus, la musique s'impose comme un langage de communication planétaire. Les sonorités africaines, latines et européennes ont été intégrées dans la musique que nous écoutons chaque jour ; il ne nous semble plus étrange d'entendre des instruments et des tonalités hindous, chinois et même tibétains dans la trame sonore des films ou dans nos salles de concert. Aujourd'hui, nous reconnaissons facilement que toutes les cultures ont quelque chose à offrir en puisant dans leurs traditions.

Pendant mes études universitaires, je devins fasciné par la pratique millénaire indienne consistant à intégrer dans la musique les énergies fluctuantes de la vie quotidienne. Avec plus de 4000 gammes et un nombre comparable de thèmes rythmiques à leur disposition, les compositeurs de l'Inde ont réussi à exprimer l'intégralité du cosmos sous forme musicale. Des gammes variées sont conçues pour chaque moment de la journée, du mois ou de la saison de l'année. Il existe de nombreux *ragas* (modèles mélodiques traditionnels ou modes musicaux) appropriés aux événements spéciaux, aux célébrations ou aux rituels religieux. La palette entière de la musique est de nature évocatrice ; elle canalise l'énergie vers chaque expérience et chaque moment de la vie.

À l'intérieur de cette structure stricte de gammes et de modèles rythmiques, le musicien jouit de toute la latitude voulue pour improviser. L'artiste intègre ainsi ses expériences personnelles et ses émotions passagères dans les sons qu'il crée.

L'énergie des divers moments de la journée est aussi reflétée dans la musique occidentale, comme dans le chant grégorien ou l'hymnologie. Dans certaines œuvres, comme le « Grand Canyon suite » de Ferde Grofé, par exemple, l'instant de la journée, de la saison et même les conditions atmosphériques, sont clairement évoqués. Chacun des mouvements des « Quatre saisons » de Vivaldi évoque l'esprit des différentes saisons de l'année, et ce classique demeure toujours aussi populaire auprès des amateurs de concerts. Malheureusement, nous n'avons que peu souvent l'occasion d'entendre de telles œuvres au moment et dans le cadre appropriés.

Le spectre de l'expression musicale et sa puissance s'étendent bien au-delà des descriptions verbales, comme « rapide », « lent », « joyeux » ou « triste ». Les mots ne peuvent véhiculer la vaste gamme des émotions et des sensations physiques dont nous faisons l'expérience par la musique.

La tradition indienne, consistant à composer de la musique appropriée à chaque activité ou à chaque moment de la journée, peut nous inspirer une manière originale d'incorporer les sons dans notre univers personnel. Au rythme de notre « horloge sonore » personnelle, nous pouvons stimuler notre créativité et améliorer notre santé — en insérant tout simplement des airs stimulants dans le déroulement de la journée. En d'autres occasions, nous choisirons une musique apaisante pour nous calmer. Certaines mélodies spécifiques peuvent activer nos processus mentaux, favoriser la rêverie et les souvenirs agréables, ou créer un environnement propice à la spiritualité. Même si nous nous tournons instinctivement vers la musique pour créer ou favoriser certains états d'esprit, nous pensons moins souvent à nous protéger des agressions sonores en érigeant volontairement autour de nous un « rempart » d'harmonies agréables.

Comprendre vos « cycles de stress » journaliers

Prenez un moment pour examiner le déroulement habituel de l'une de vos journées de la semaine. Écrivez en quelques mots comment vous vivez les moments suivants :

- **Le réveil matinal**
  - Vous sentez-vous frais et dispos ou êtes-vous fatigué au réveil ?
  - Auriez-vous préféré rester au lit ou êtes-vous prêt à entreprendre la journée ?
  - Disposez-vous d'un peu de temps pour commencer la journée à votre rythme ou vous sentez-vous toujours bousculé ?
  - Vos muscles sont-ils tendus ?

- **L'heure du lunch**
  - Disposez-vous d'au moins une demi-heure pour déjeuner paisiblement ?
  - Partagez-vous l'heure du lunch avec d'autres personnes ?
  - Vous sentez-vous pressé par le temps à ce moment de la journée ?

- **Le milieu de l'après-midi**
  - Travaillez-vous sans interruption ou avez-vous la possibilité de faire une pause l'après-midi ?
  - Éprouvez-vous souvent de la fatigue ou de l'ennui ?

- **Le dîner**
  - Arrivez-vous à faire une pause après vos activités de l'après-midi ?
  - Y a-t-il une période de transition entre la fin du travail et le dîner ?
  - Avez-vous hâte que ce moment de la journée arrive ?
  - Vous sentez-vous détendu ou pressé par le temps après votre journée de travail ?

- **La soirée**
  - Êtes-vous serein ou exténué à la fin de la journée ?
  - Combien de fois par semaine faites-vous l'effort conscient de vous détendre, que ce soit en faisant de l'exercice, de la méditation ou en pratiquant une activité artistique ?
  - Sentez-vous que vous avez réussi à vous réserver du temps au cours de la journée ?

— Qu'avez-vous remarqué pendant que vous écoutiez la musique et expérimentiez les visualisations de ce livre ?
— Avez-vous été capable de faire régulièrement les exercices suggérés ?

Un « cycle de stress » peut s'immiscer dans notre vie avec le temps, et soumettre notre corps à une tension constante. Souvent, ces habitudes sont acquises aussitôt que lors de nos années d'études. Ce n'est que bien plus tard que nous prenons conscience de leurs effets dommageables, quand la tension accumulée se manifeste sur le plan émotionnel, mental et physique.

Il existe une grande variété de raisons pour lesquelles nous nous laissons aspirer dans de tels cycles. La tension physique peut être causée par un traumatisme, une maladie, un travail harassant ou un régime alimentaire malsain combiné à un manque d'activité physique. La tension psychologique, de son côté, peut naître de l'inquiétude, de la colère, de la honte, de la culpabilité ou de conflits interpersonnels. L'impression que la maîtrise de notre vie nous échappe s'accompagne d'un accroissement significatif de notre niveau de stress.

L'anxiété psychosociale provient des difficultés que nous éprouvons dans nos relations avec les membres de notre famille, nos amis ou nos collègues ; les pressions psycho-spirituelles résultent de défis lancés à notre système interne de croyances, à notre éthique personnelle et à nos valeurs.

Un certain niveau de stress est tonique. Les défis, l'exercice et une pensée contemplative peuvent nous aider à devenir des êtres plus complets et plus sains. Par contre, lorsque nous prolongeons les schémas de stress profonds qui nous minent, notre corps ne tarde pas à s'affaiblir.

Je vous propose maintenant cet exercice :

- Étendez-vous, inspirez profondément et imaginez que votre corps est inondé d'une lumière brillante et d'énergie ;

- Étirez vos jambes quelques instants, puis détendez-vous complètement en expirant ;

- Continuez de respirer de la même manière, évacuant le stress de votre esprit et de vos épaules à chaque expiration ;

- Si vous le voulez, faites cet exercice tout en écoutant la musique du CD ou en prononçant une affirmation de votre choix.

Plutôt que d'attendre à la fin de la journée pour évacuer toutes les tensions accumulées au cours des heures précédentes, assurez-vous de la débuter calmement. Accordez-vous cinq minutes à l'heure du lunch pour vous détendre et faites une autre séance de relaxation tôt dans la soirée. Vous découvrirez que les techniques contenues dans ce livre représentent un moyen rapide et efficace de rétablir l'équilibre de l'esprit et du corps à toute heure de la journée.

Lorsque nous apprenons à nous détendre profondément, il arrive souvent que nous nous sentions vulnérables et émotifs. Les activités proposées et la musique d'accompagnement sont conçues pour aligner progressivement l'esprit, les émotions et le corps. Elles vous permettront de régénérer sainement votre énergie et de toujours jouir d'un sommeil réparateur. Soyez patient. Accordez-vous quelques semaines pour assimiler ces expériences et les intégrer à votre sagesse personnelle.

Créez votre propre symphonie de relaxation

Danser, chanter et se laisser porter par l'énergie de la musique peuvent servir de prélude idéal à plusieurs des techniques présentées dans ce livre. Un peu comme lors d'un exercice précédent, où vous deviez tendre vos muscles avant de relaxer, une musique énergisante peut vous permettre de mieux vous détendre par la suite.

Certains matins, vous aurez peut-être besoin de votre dose de « caféine sonore » simplement pour vous arracher du lit ! Ainsi, tout comme ces sons puissants, vous pouvez faire votre activité de relaxation favorite, précédée et suivie d'exercices d'étirement et d'assouplissement au rythme de la musique. Prenez conscience de votre corps pendant le déroulement de la journée, et sélectionnez la musique qui exprime et embellit votre humeur du moment… et puis, relaxez ! Que ces exercices représentent pour vous de rapides « remises en forme » ou de véritables méditations musicales, vivez ces moments d'harmonie en y mettant toute votre conscience et concentration. En explorant une variété de styles musicaux, d'images et de thèmes de réflexion, vous trouverez bientôt ce qui fonctionne le mieux pour vous.

La *santé* englobe tout ce qui est bénéfique pour le corps. Ceci ne s'applique pas en français ; santé venant du mot latin « sanitas ». Autrement dit, la santé tend vers l'équilibre et l'harmonie, et non la perfection. Vous devez laisser votre inclination naturelle à la détente ajouter un air d'aisance et de facilité dans votre expérience quotidienne.

Pour ce dernier exercice, vous prendrez votre envol sur les ailes de l'une des musiques les plus belles jamais écrites. « L'Ascension de l'alouette », une œuvre très populaire du répertoire anglais, fut composée par Ralph Vaughan William pendant la Première Guerre mondiale. Le chant à la fois puissant et mélodieux des oiseaux, conjugué au mouvement gracieux de leur vol, lui inspira les images musicales et le charme coloré de cette œuvre bucolique pour violon solo et orchestre de chambre. Le résultat est scénique, harmonieux et riche en émotions, à la fois joyeux et calme. Inspirée de chansons folklorique et d'un poème de George Meredith, cette ascension symbolique du charme et de la beauté terrestre vers le ciel est progressive et inspirante. Voici un extrait du poème de Meredith :

> *Remplissant le ciel de son chant,*
> *Pour exprimer son amour de la terre,*
> *Elle s'élève plus haut, toujours plus haut.*
> *Notre vallée est sa coupe dorée,*
> *Et elle, le vin qui en déborde.*
> *Elle nous enlève avec elle dans son vol. . .*
> *À perte de vue dans ses tourbillons aériens,*
> *Dans la lumière et ses chants joyeux.*

Utilisez la musique, la visualisation et les affirmations de ce chapitre

Première étape

Affirmation :
À chaque respiration, je me libère de la tension.
J'invite l'harmonie et la paix dans ma vie.

- Fermez les yeux et imaginez que vous glissez comme un oiseau dans l'air calme et frais ;

- Laissez votre corps s'abandonner à la lumière et à la beauté du ciel et de la terre ;

- Que vous soyez assis ou debout, étendez les bras de chaque côté de votre corps comme si vous étiez un oiseau s'élevant vers une étoile brillante ;

- Prenez quelques instants pour répéter cette affirmation : *À chaque respiration, je me libère de la tension. J'invite l'harmonie et la paix dans ma vie.*

Deuxième étape

Lorsque vous sentez que vous dites l'affirmation avec spontanéité et naturel, ouvrez les yeux et regardez l'image de l'étoile que vous trouverez à la fin du chapitre.

- Essayez de maintenir votre regard fixé au centre de l'étoile en inspirant ;

- En expirant, dites l'affirmation et imaginez que vous flottez vers l'étoile. Refaites ceci à cinq ou six reprises, tout en gardant votre regard concentré sur la forme ;

- Fermez les yeux pour vous imprégner de la pensée et de l'image. Êtes-vous toujours capable de voir l'étoile grâce à votre « vision » intérieure ?

Troisième étape

Écoutez maintenant le morceau n° 5 du CD d'accompagnement, « l'Ascension de l'alouette », de Ralph Vaughan Williams.

- Écoutez la pièce une fois les yeux fermés afin de permettre à votre corps de se détendre ;

- Écoutez-la de nouveau en regardant au centre de l'étoile ;

- Ensuite, dites cette affirmation : *À chaque respiration, je me libère de la tension. J'invite l'harmonie et la paix dans ma vie ;*

- Laissez la musique vous emporter loin de tous vos soucis et de toute autre source de stress.

♪

À chaque respiration, je me libère de la tension. J'invite l'harmonie et la paix dans ma vie.

Musique : morceau n⁰ 5 du CD, « L'Ascension de l'alouette », de Ralph Vaughan Williams

Liste des morceaux du CD

1. Michael Hoppé, « Beloved », 3:06.

2. Gabriel Fauré, « Sicilienne, Op. 78 » ; Nora Shulman, flûte ; Judy Loman, harpe ; 3:42.

3. Edvard Grieg, « Le matin », tiré de *Peer Gynt, suite no. 1* ; Nora Shulman, flûte ; Judy Loman, harpe ; 3:42.

4. Wolfgang Amadeus Mozart, « Andante » du *Concerto pour piano No. 14 en mi bémol majeur* ; Jenö Jando, piano ; Concentus Hungaricus ; Andras Ligeti, chef d'orchestre ; 6:36.

5. Ralph Vaughan Williams, « L'Ascension de l'alouette » ; David Green, violon ; Orchestre philharmonique English Northern ; David Lloyd-Jones, chef d'orchestre ; 15:08.

Le permis pour la musique est une gracieuseté de Spring Hill Music LLC.

Suggestions de lecture

Healing Imagery and Music. Carol A. Bush. Portland, Oregon: Rudra Press, 1999.

Mind, Music and Imagery. Stephanie Merritt. Santa Rosa, California: Aslan Publishing, 1996.

L'effet Mozart : les bienfaits de la musique sur le corps et l'esprit. Don Campbell. Éditions Le Jour, Montréal, 1998.

Music and Soulmaking. Barbara Crowe. Lanham Maryland: Scarecrow Press, 2004.

Music: Physician for Times to Come. Don Campbell. Wheaton, Illinois: Quest Books, 2000.

The Relaxation Response. Herbert Benson, M.D., with Miriam Z. Klipper. New York: HarperTorch, 2000.

Rituals of Healing: Using Imagery for Health and Wellness. Jeanne Achterberg, Ph.D. ; Barbara Dossey, R.N. ; et Leslie Kolkmeier, R.N. New York: Bantam Books, 1994.

Stress Management. James S. Gordon, M.D. New York: Chelsea House, 2000.

The Tao of Music. John M. Ortiz. York Beach, Maine: Samuel Weiser, Inc., 1997.

Pour obtenir plus d'information sur les livres et les CD de Don Campbell, ainsi qu'un guide complet de musique, de thérapies musicales, de livres sur l'éducation et la santé :

The Mozart Effect Resource Center
800-721-2177
www.mozarteffect.com

Pour obtenir plus d'information sur le travail innovateur de Don Campbell dans un environnement de soins de santé, contactez :

Aesthetic Audio Systems
619-683-7512
www.aestheticas.net

Suggestions de musique

Deep Listening. Pauline Oliveros. New Albion Records NA022

Eight String Religion. David Darling. Wind Over The Earth WE2320

Adagio. Compilation of Relaxing Classics. Naxos 8.550994

Floating World. Riley Lee et Marshall McGuire. New World Music 603

Inner Peace for Busy People: Music to Relax and Renew. Joan Borysenko. Spring Hill Music 6031.2

Largo. Compilation of Baroque Music. Naxos 8.550950

Music for The Mozart Effect, Volume 5: Relax and Unwind. Don Campbell, Spring Hill Music 6505.2

Solace. Michael Hoppé. Spring Hill Music 6042.2

À propos de l'auteur

Don Campbell est une autorité reconnue concernant le pouvoir de transformation personnelle par la musique, de l'audition et de l'*Effet Mozart*. Il est un conférencier de premier plan et consultant auprès des institutions de santé, des entreprises et des groupes de parents et d'éducateurs. Il travaille également auprès d'auditoires mélomanes afin d'expliquer de quelle manière la musique favorise les apprentissages, la guérison et bien d'autres aspects de notre vie.

Don est le directeur acoustique et musical de Aesthetic Audio Systems, une compagnie innovatrice qui propose de la musique de qualité aux établissements hospitaliers. Ses livres ont été traduits en 20 langues, et il a prononcé des conférences dans plus de 25 pays, incluant l'Afrique du Sud, le Brésil, la Pologne, l'Irlande, l'Inde, Israël et le Japon. Il a récemment été invité à prononcer l'allocution d'ouverture lors de colloques tenus à l'Université Yale, à la Royal Dublin Society, à la Society for Arts in Healthcare et des congrès de l'International Teachers Associations au Japon et en Amérique du Sud. Il est présentement membre du conseil d'administration de l'American Research Center de l'Université du Colorado.

Don a été membre de plusieurs conseils d'administration d'envergure nationale, incluant ARTS for People et l'École de médecine de l'Université Duke. En 2004, il a été honoré du titre de *Distinguished Fellow* de la National Expressive Therapy Association. Il a également reçu le titre de « chef émérite » de l'Orchestre philharmonique de Boulder. Du point de vue très personnel de Don, la musique n'est pas seulement une expérience esthétique riche et gratifiante, mais aussi un pont facilement accessible vers une plus grande créativité, une intelligence plus éveillée, une santé florissante et une vie heureuse. Il s'est donné comme mission de contribuer à rétablir la place centrale de la musique dans le monde moderne, afin d'aider les gens à croître, à se développer, à guérir et à célébrer.

Auteur de 17 ouvrages, dont *Music : Physician for Times to Come* et le grand succès de librairie de 1997, *L'effet Mozart : les bienfaits de la musique sur le corps et l'esprit*, il a aussi créé 16 albums, incluant la musique d'accompagnement de la série l'*Effet Mozart*, destinés aux adultes et aux enfants, qui a dominé le palmarès classique du *Billboard* américain en 1998 et 1999.

Remerciements

J'aimerais manifester ma plus profonde reconnaissance à Bill Horwedel de Spring Hill Music pour son esprit à la fois pratique et visionnaire, et pour son amitié. Merci à Reid Tracy, Jill Kramer, Jessica Vermooten, Christy Salinas et Charles McStravick de Hay House, pour leur réalisation compétente de ce livre.

Je vous voudrais exprimer ma plus sincère gratitude à Marianne Cenko et Sherill Tippins pour leur travail de révision, d'édition et leurs suggestions créatives. Je tiens à remercier également Judith Cornell, Jeanne Achterberg, Hazel Lee, Ruby Nowland et Michael Hoppé.

Du même auteur

Avant-propos de Julia Cameron
Auteure de *Libérez votre créativité*

DON CAMPBELL

Auteur du best-seller
L'effet Mozart : les bienfaits de la musique sur le corps et l'esprit

L'harmonie intérieure

La guérison par le pouvoir de la voix et de la musique

 CD de musique inclus !

Pour obtenir une copie de notre catalogue :

Éditions AdA Inc.
1385, boul. Lionel-Boulet, Varennes, Québec, J3X 1P7
Télécopieur : (450) 929-0220
info@ada-inc.com
www.ada-inc.com

Pour l'Europe :

France : D.G. Diffusion Tél.: 05.61.00.09.99
Belgique : D.G. Diffusion Tél.: 05.61.00.09.99
Suisse : Transat Tél.: 23.42.77.40

www.AdA-inc.com
info@AdA-inc.com